VOYAGE MÉTALLURGIQUE

EN

ANGLETERRE.

VOYAGE MÉTALLURGIQUE

EN ANGLETERRE,

OU

Recueil de Mémoires

SUR

Le Gisement, l'Exploitation et le Traitement des Minerais d'Etain, de Cuivre, de Plomb, de Zinc et de Fer,

DANS LA GRANDE-BRETAGNE;

Par MM. Dufrénoy et Elie de Beaumont,

INGÉNIEURS DES MINES.

PLANCHES.

PARIS,

BACHELIER, SUCCESSEUR DE Mme. Ve. COURCIER, LIBRAIRE POUR LES SCIENCES,

Quai des Grands-Augustins, No. 55.

1827.

Pl. 1

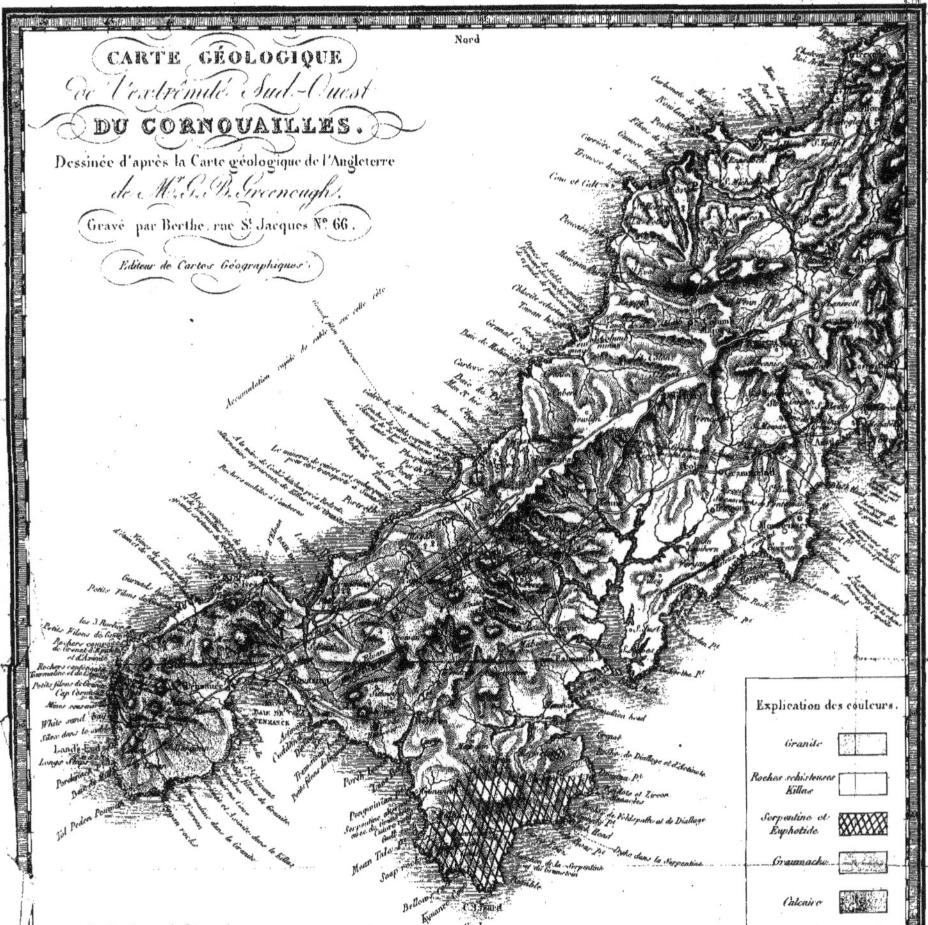
CARTE GÉOLOGIQUE
de l'extrêmité Sud-Ouest
DU CORNOUAILLES.
Dessinée d'après la Carte géologique de l'Angleterre
de Mr. G. B. Greenough.
Gravé par Berthe, rue St. Jacques No. 66.
Editeur de Cartes Géographiques.
Nord
Sud
Explication des couleurs.
Granite
Roches schisteuses Killas
Serpentine et Euphotide
Grauwacke
Calcaire
Land's End
Voyage Metallurgique en Angleterre.

FILONS DU CORNOUAILLES.

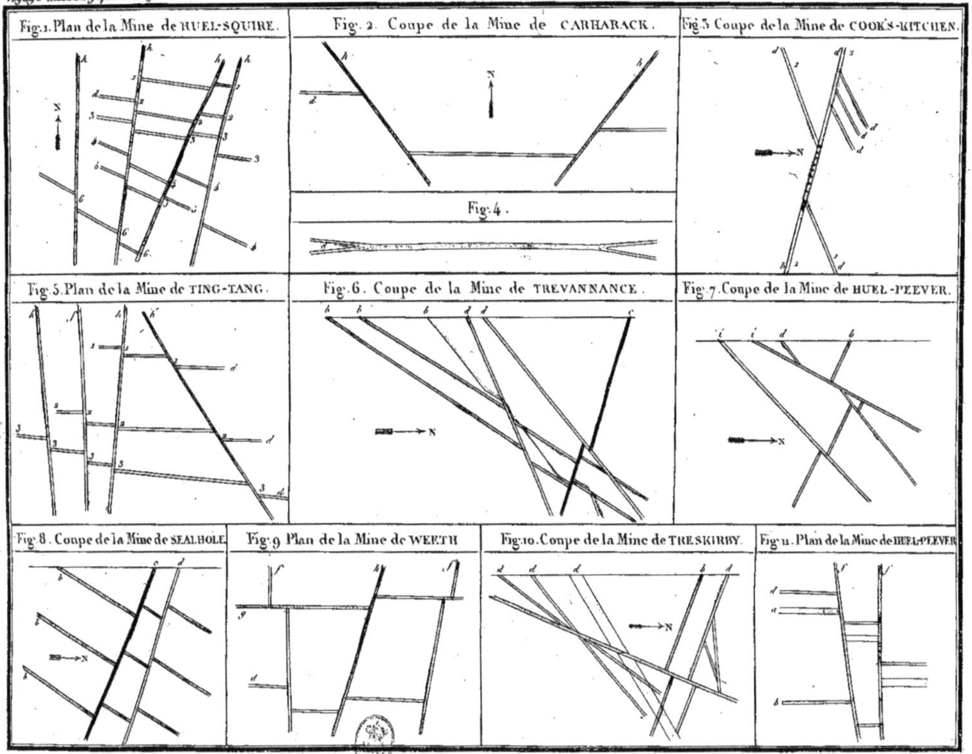
Fig. 1. Plan de la Mine de HUEL-SQUIRE.
Fig. 2. Coupe de la Mine de CARHARACK.
Fig. 3. Coupe de la Mine de COOK'S-KITCHEN.
Fig. 4.
Fig. 5. Plan de la Mine de TING-TANG.
Fig. 6. Coupe de la Mine de TREVANNANCE.
Fig. 7. Coupe de la Mine de HUEL-PEEVER.
Fig. 8. Coupe de la Mine de SEALHOLE.
Fig. 9. Plan de la Mine de WEETH
Fig. 10. Coupe de la Mine de TRESKIRBY.
Fig. 11. Plan de la Mine de HUEL-PEEVER
N

Gravé par Berthe, rue S.t Jacques, N.o 66.

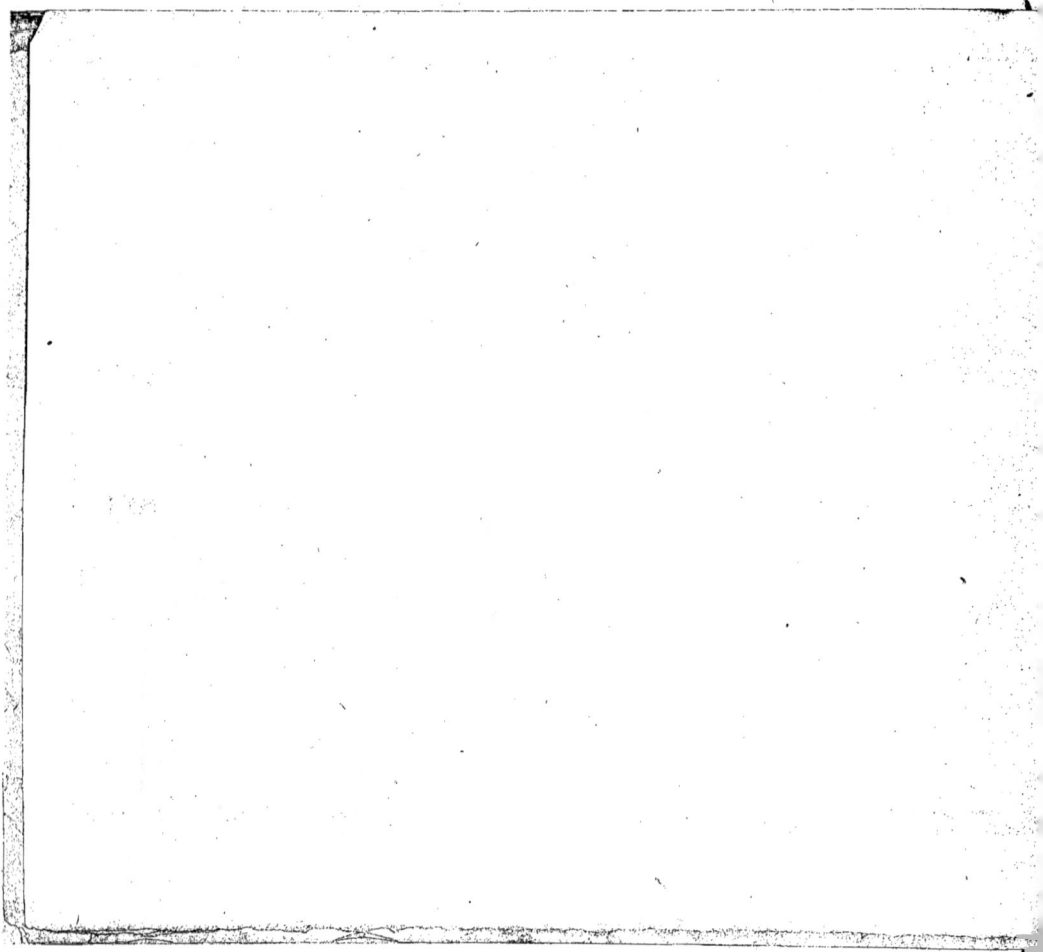

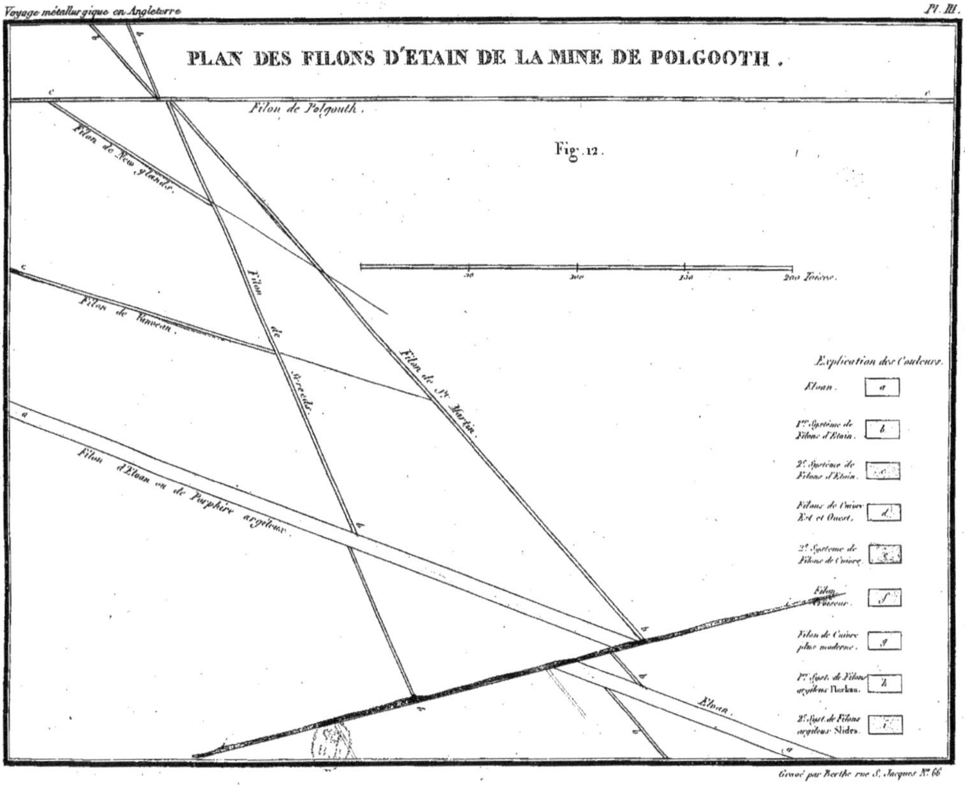
PLAN DES FILONS D'ETAIN DE LA MINE DE POLGOOTH.
Fig. 12.
Filon de Polgouth.
Filon de New glands.
Filon de Parveau.
Filon de Greeds.
Filon de St. Martin.
Filon d'Elvan ou de Porphire argileux.
Elvan.
50
100
150
200 Toises.
Explication des Couleurs.
Elvan. a
1er Système de Filons d'Etain. b
2e Système de Filons d'Etain. c
Filons de Cuivre Est et Ouest. d
2e Système de Filons de Cuivre. e
Filon Croiseur. f
Filon de Cuivre plus moderne. g
1er Syst. de Filons argileux Flockau. h
2e Syst. de Filons argileux Slides. i

Gravé par Berthe rue S. Jacques No. 66

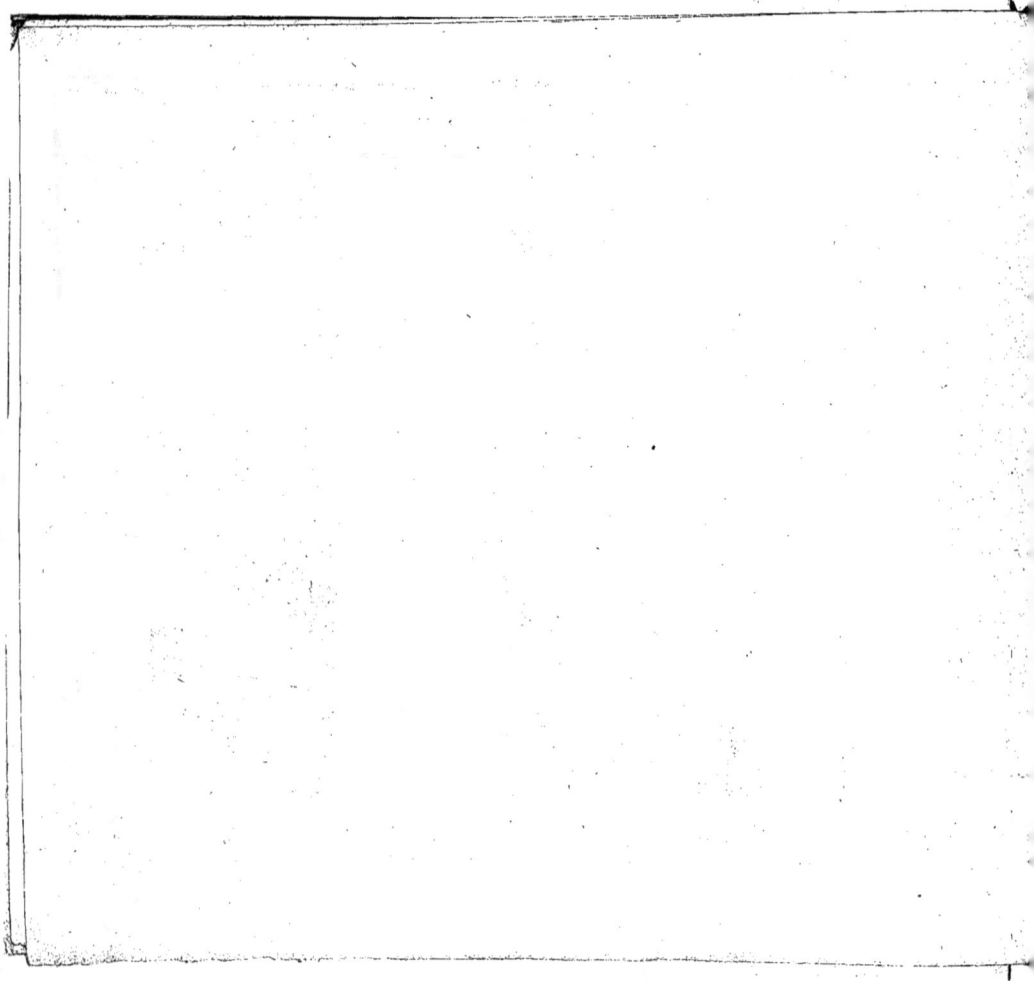

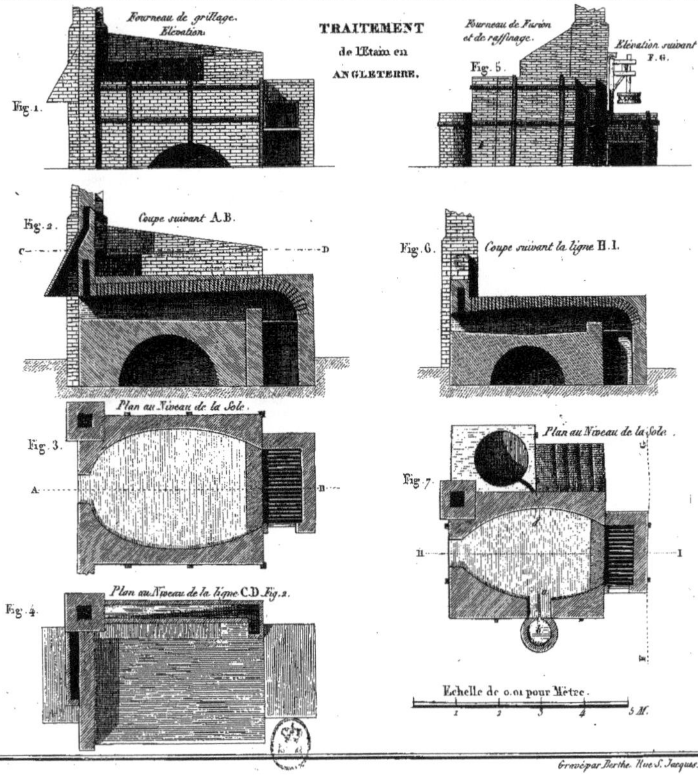
TRAITEMENT
de l'Etain en
ANGLETERRE.
Fourneau de grillage.
Élévation.
Fig. 1.
Fourneau de Fusion
et de raffinage.
Fig. 5.
Élévation suivant
F. G.
Coupe suivant A.B.
Fig. 2.
C
D
Fig. 6.
Coupe suivant la ligne H.I.
Plan au Niveau de la Sole.
Fig. 3.
A
B
Plan au Niveau de la Sole.
Fig. 7.
H
I
Plan au Niveau de la ligne C.D. Fig. 2.
Fig. 4.
Echelle de 0.01 pour Mètre.
1
2
3
4
5 M.

Gravé par Berthe. Rue S. Jacques N° 66.

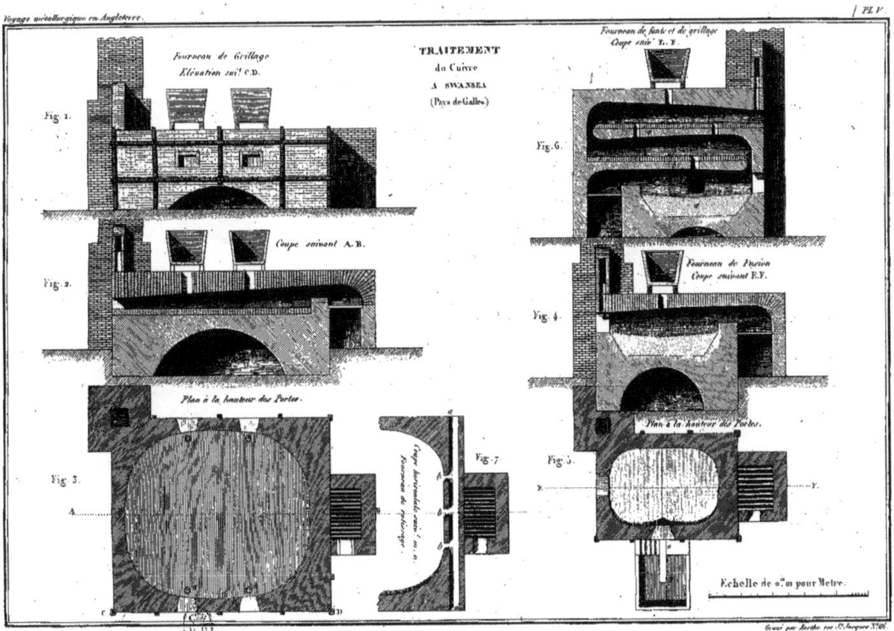
Fourneau de Grillage
Élévation suivᵗ C.D.
Fig. 1.
TRAITEMENT
du Cuivre
A SWANSEA
(Pays de Galles)
Fig. 2.
Coupe suivant A.B.
Plan à la hauteur des Portes.
Fig. 3.
Fig. 7.
Fourneau de fonte et de grillage
Fig. 6.
Fourneau de Fusion
Coupe suivant E.F.
Fig. 4.
Plan à la hauteur des Portes.
Fig. 5.
Echelle de 0ᵐ01 pour Metre.

TRAITEMENT DU CUIVRE À SWANSEA.

(Pays de Galles)

Appareil construit par M.r J.H. Vivian dans l'usine de Hafod pour condenser les Vapeurs qui se dégagent dans le traitement des Minerais de Cuivre.

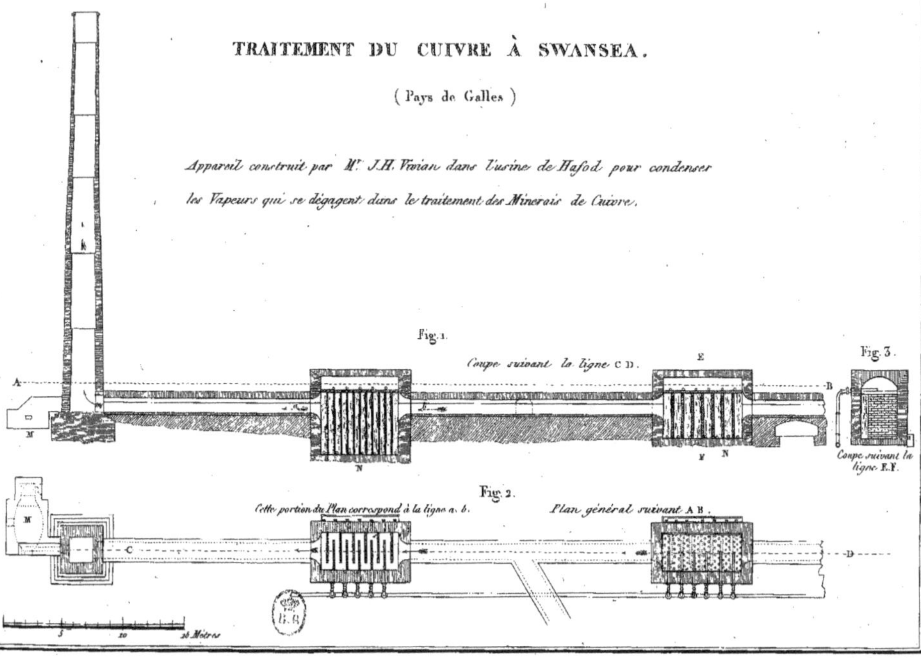
Fig. 1.
Coupe suivant la ligne C D.
A
B
E
F
M
N
Fig. 3.
Coupe suivant la ligne E.F.
Fig. 2.
Cette portion du Plan correspond à la ligne a. b.
Plan général suivant A B.
C
D
M
5
10
25 Mètres

Gravé par Berthe.

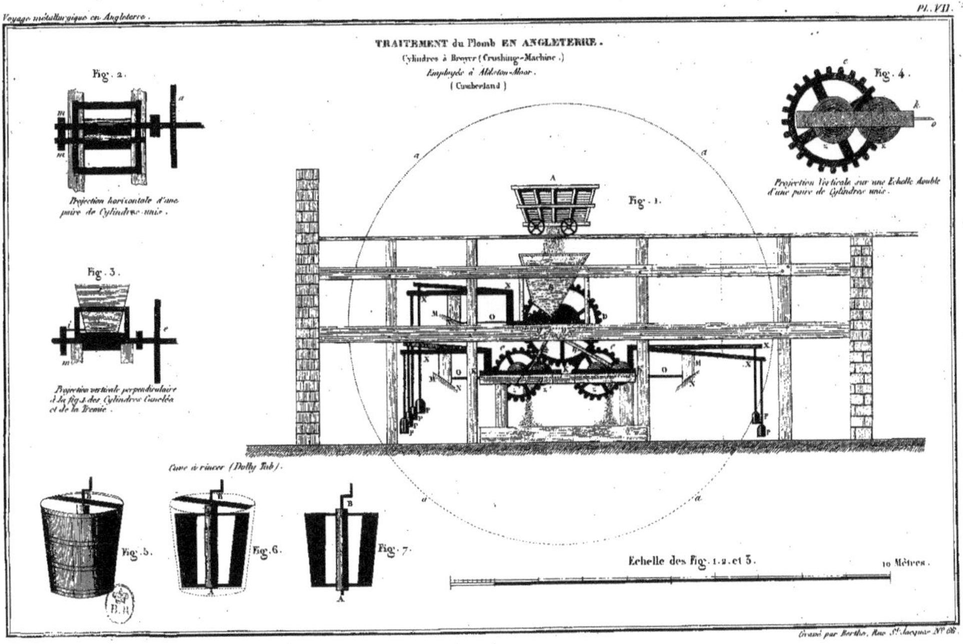
TRAITEMENT du Plomb EN ANGLETERRE.
Cylindres à Broyer (Crushing-Machine.)
Employés à Alston-Moor.
(Cumberland)
Fig. 1.
Fig. 2.
Projection horizontale d'une paire de Cylindres unis.
Fig. 3.
Projection verticale perpendiculaire à la fig. 2 des Cylindres Cannelés et de la Trémie.
Fig. 4.
Projection Verticale sur une Echelle double d'une paire de Cylindres unis.
Cuve à rincer (Dolly Tub).
Fig. 5.
Fig. 6.
Fig. 7.
Echelle des Fig. 1. 2. et 3.
10 Mètres.

Gravé par Berthe, Rue St Jacques No 66.

Traitement du plomb en Angleterre.

Fourneau écossais et fourneau à manche employés à Alston-moor (Cumberland).

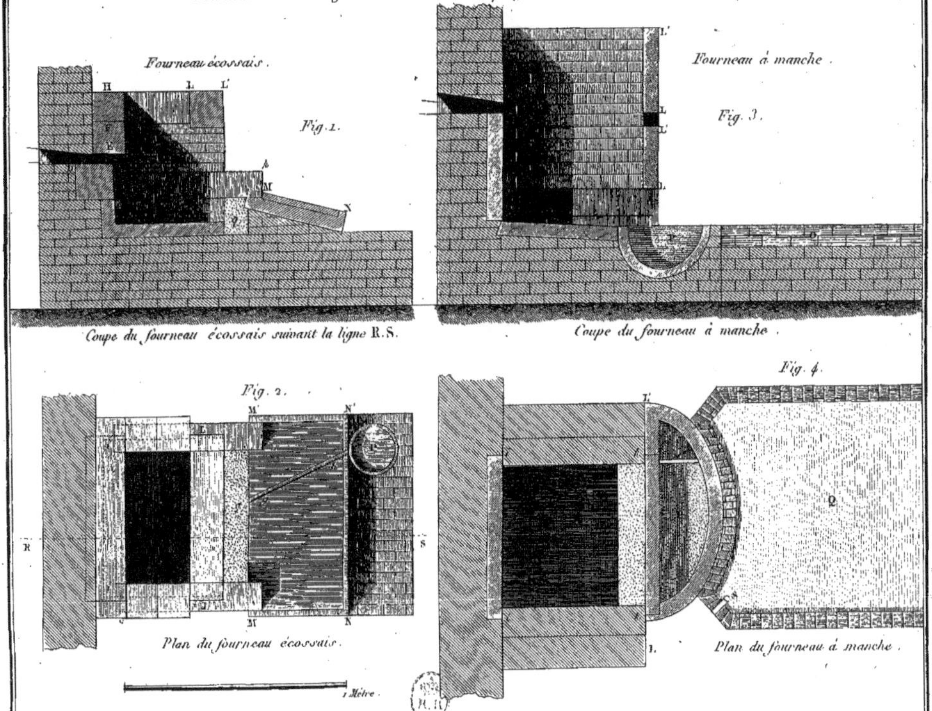

Fourneau écossais.
Fig. 1.
Fourneau à manche.
Fig. 3.
Fig. 2.
Fig. 4.
1 Mètre.

Coupe du fourneau écossais suivant la ligne R.S.

Coupe du fourneau à manche.

Plan du fourneau écossais.

Plan du fourneau à manche.

Gravé par Berthe, Rue S.t Jacques, N.° 66.

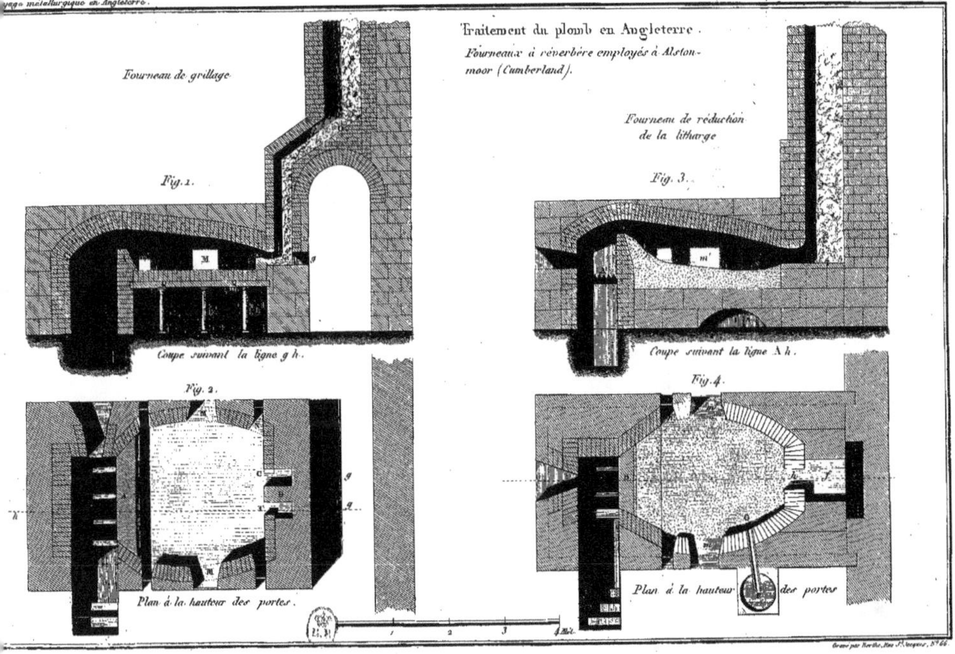
Traitement du plomb en Angleterre.
Fourneaux à réverbère employés à Alston-moor (Cumberland).
Fourneau de grillage
Fig. 1.
Coupe suivant la ligne g h.
Fig. 2.
Plan à la hauteur des portes.
Fourneau de réduction de la litharge
Fig. 3.
Coupe suivant la ligne A h.
Fig. 4.
Plan à la hauteur des portes
1
2
3
4 Mèt.

Gravé par Berthe, Rue St Jacques, N° 66.

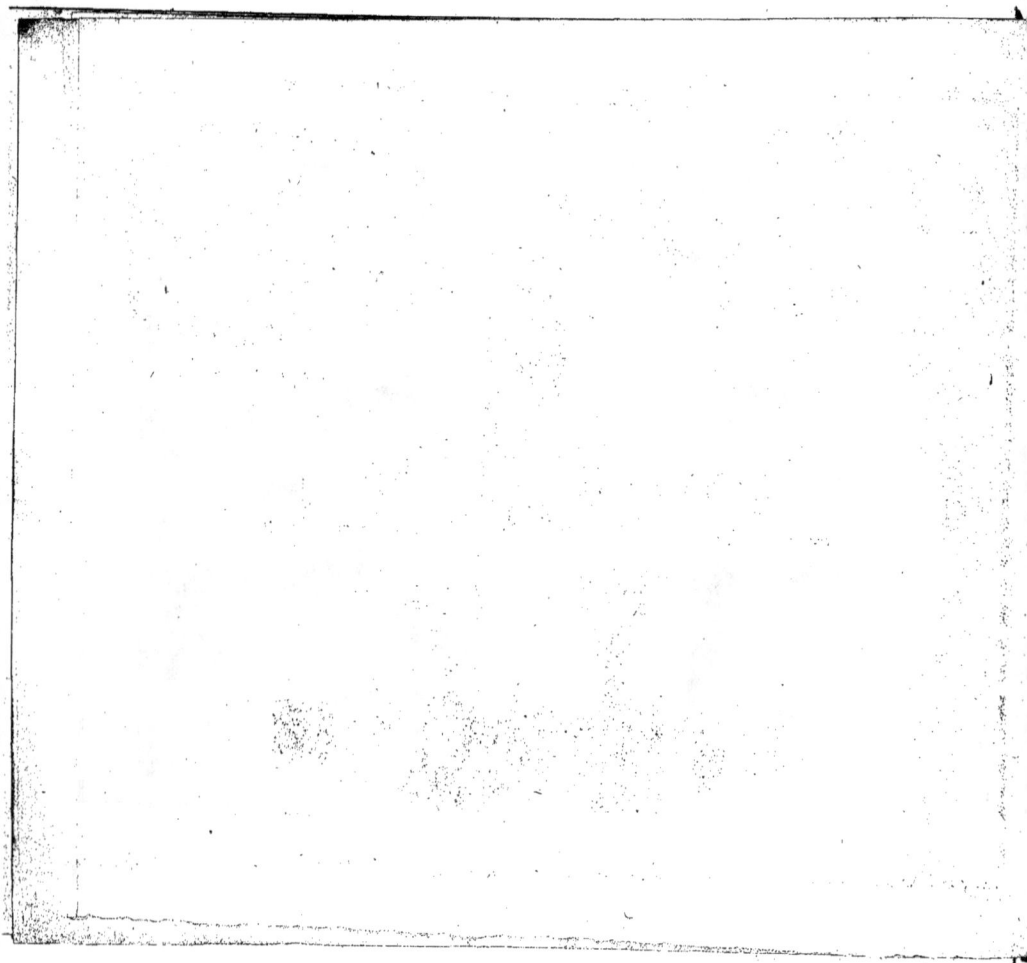

Traitement du plomb en Angleterre.

Fourneau de Coupellation employé à Alston-moor (Cumberland).

Fig. 3.

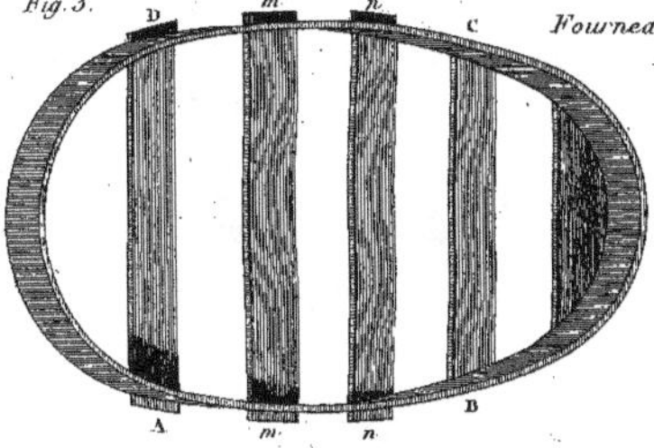
D
m'
n'
C
A
m
n
B

Plan du chassis en fer qui forme la Coupelle.

Fig. 4.

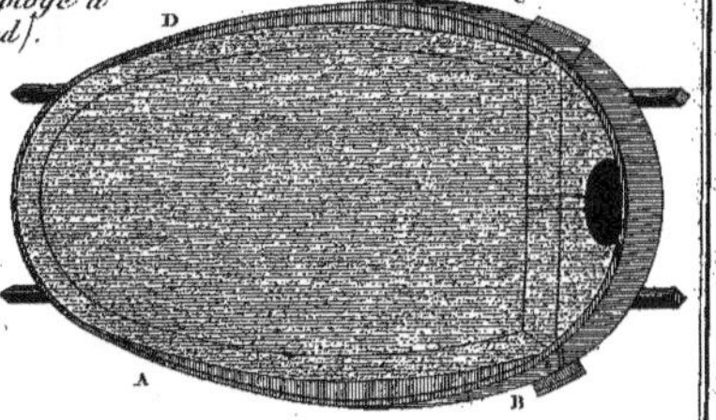
D
C
A
B

Plan de la Coupelle préparée.

Fig. 1.ère

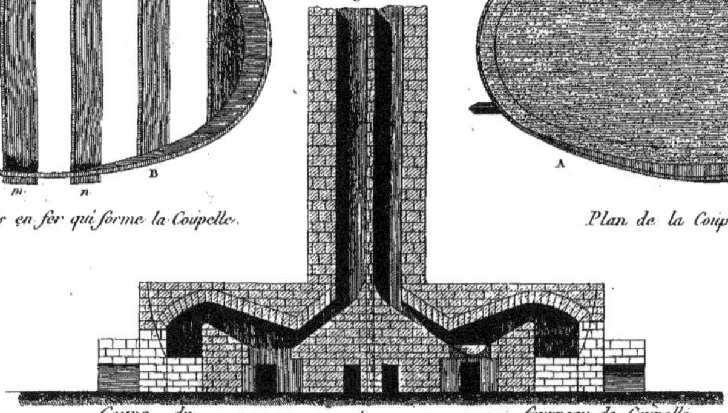

Coupe du fourneau de Coupellé.

Fig. 2.

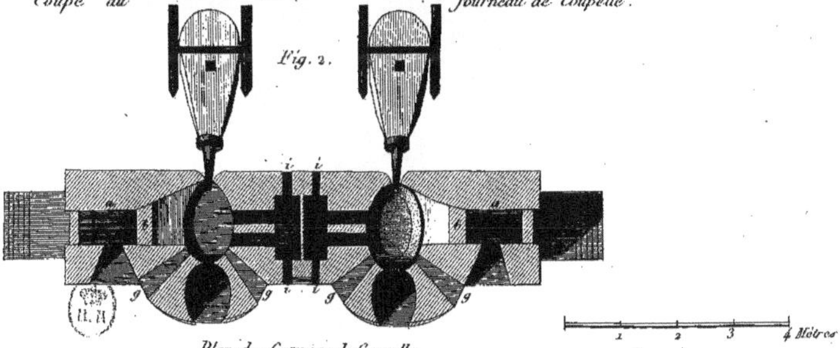
i
i
g
g
g
g
1
2
3
4 Mètres

Plan du fourneau de Coupelle.

Gravé par Berthe.

TRAITEMENT
du Zinc en
ANGLETERRE.

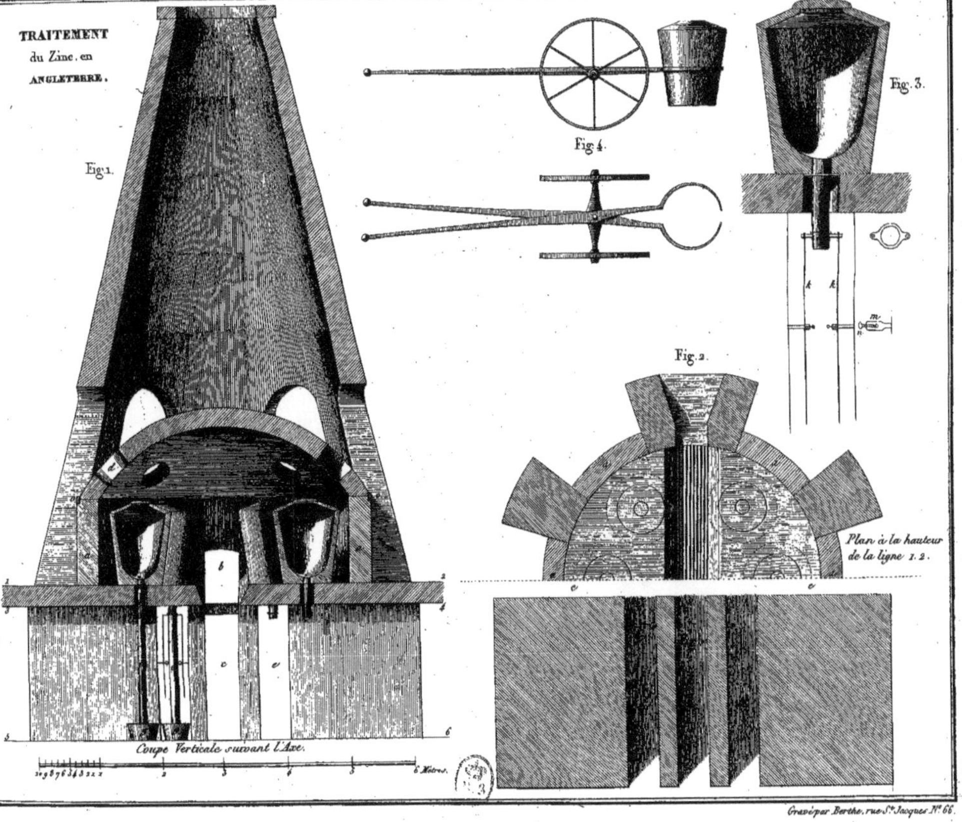
Fig. 1.
Fig. 4.
Fig. 3.
Fig. 2.
Plan à la hauteur de la ligne 1. 2.
Coupe Verticale suivant l'Axe.
6 Mètres.

Gravé par Berthe, rue St. Jacques No. 66.

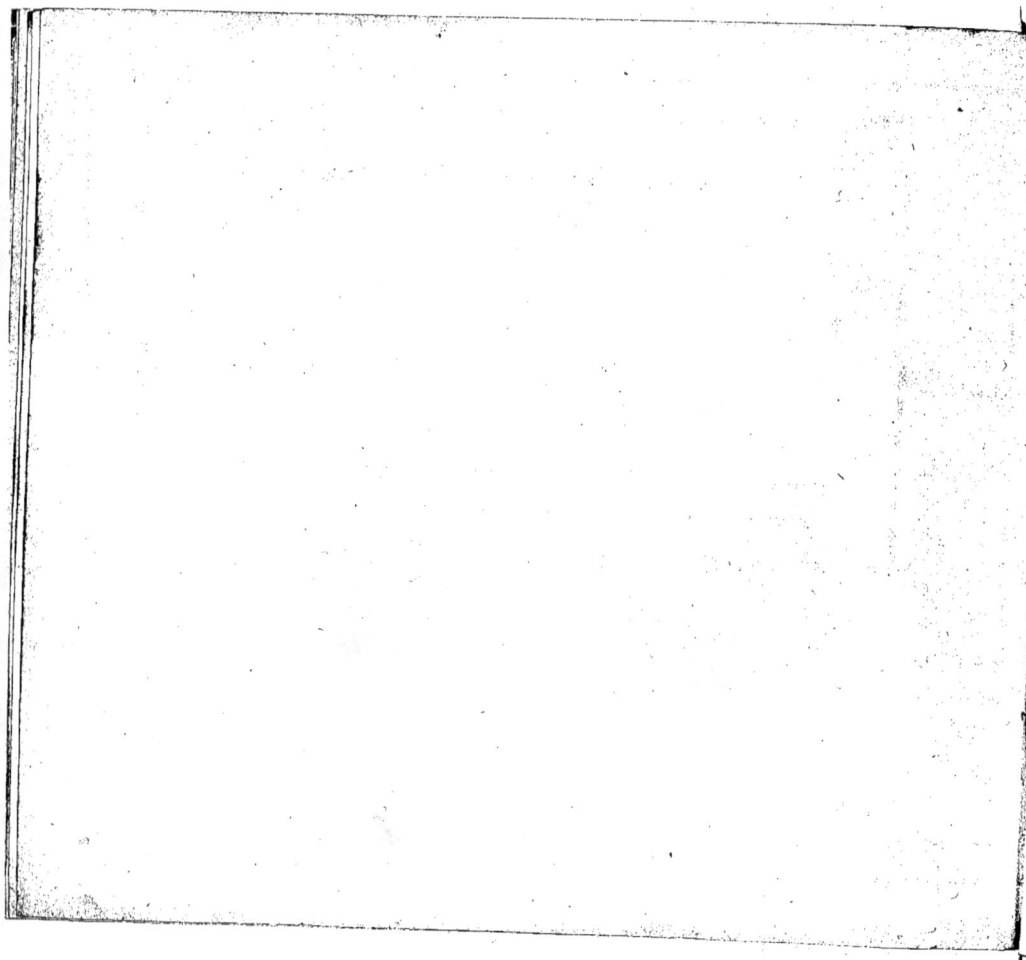

TRAITEMENT DU FER EN ANGLETERRE

(Haut fourneau avec appareil d'élévation et régulateur à eau.)

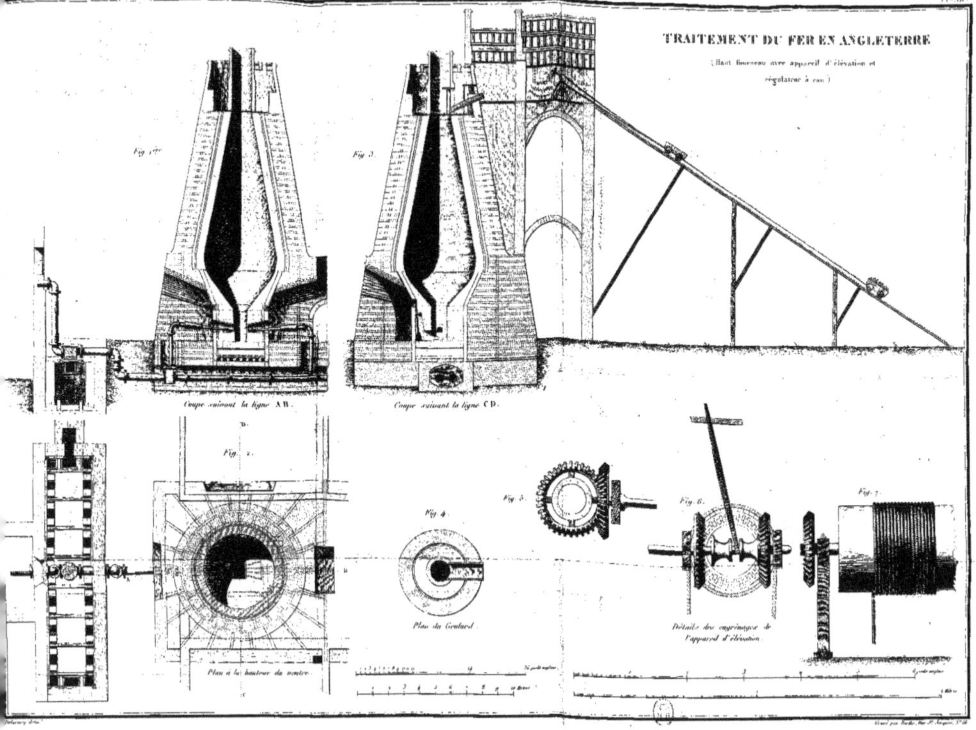
Fig. 1re
Fig. 3.
Coupe suivant la ligne AB.
Coupe suivant la ligne CD.
Fig. 2.
Plan à la hauteur du ventre.
Fig. 4.
Plan du Gueulard.
Fig. 5.
Fig. 6.
Détails des engrénages de l'appareil d'élévation.
Fig. 7.

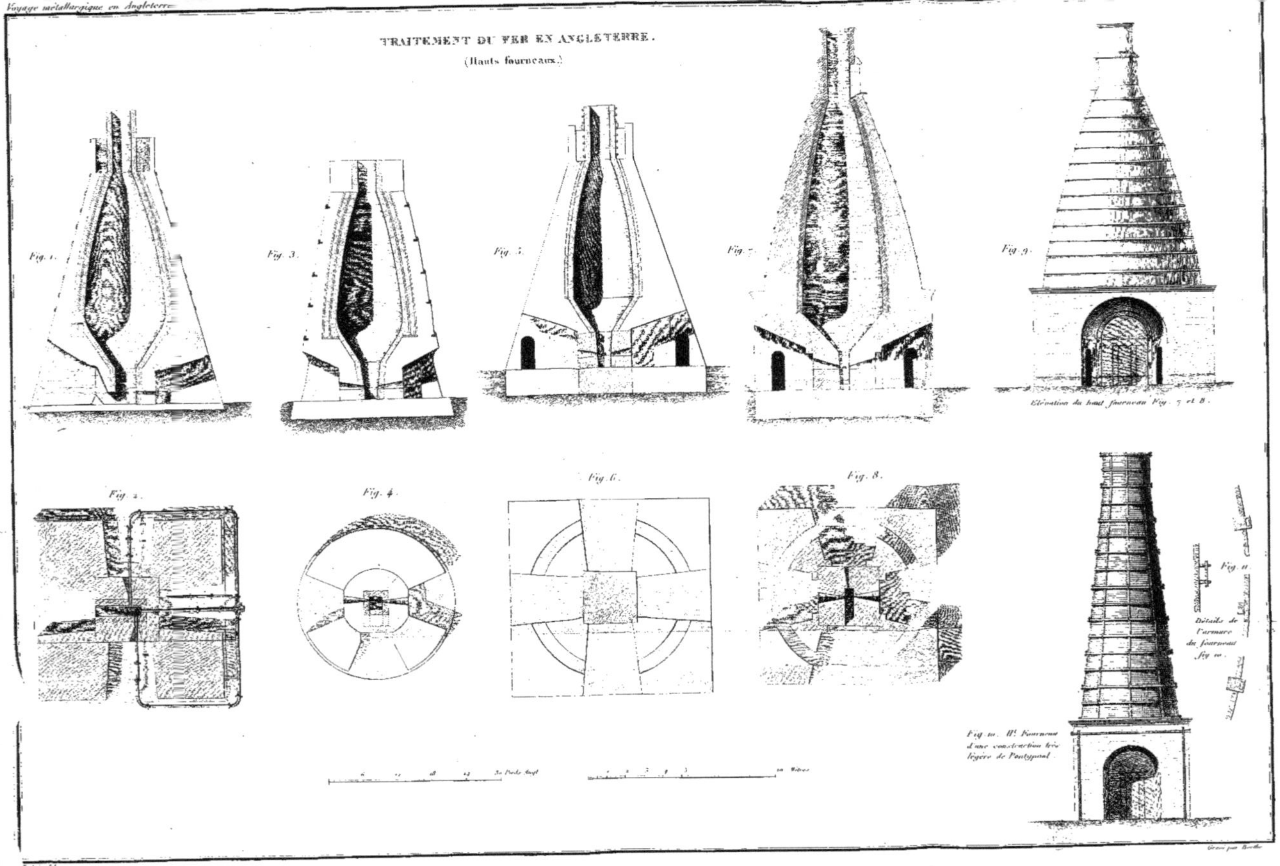
TRAITEMENT DU FER EN ANGLETERRE.
(Hauts fourneaux.)
Fig. 1.
Fig. 3.
Fig. 5.
Fig. 7.
Fig. 9.
Élévation du haut fourneau Fig. 7 et 8.
Fig. 2.
Fig. 4.
Fig. 6.
Fig. 8.
Fig. 11
Détails de l'armure du fourneau fig. 10.
Fig. 10. Ht Fourneau d'une construction très légère de Pontypool.
30 Pieds Angl.
10 Mètres
Gravé par Berthe
Dartois del.

TRAITEMENT DU FER EN ANGLETERRE.

Fourneaux à réverbère [illegible] Finerie
employés dans le Staffordshire et d[illegible]s le pays de Galles pour l'affinage de la [illegible]onte par la méthode angla[illegible]e.

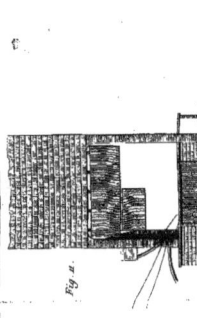

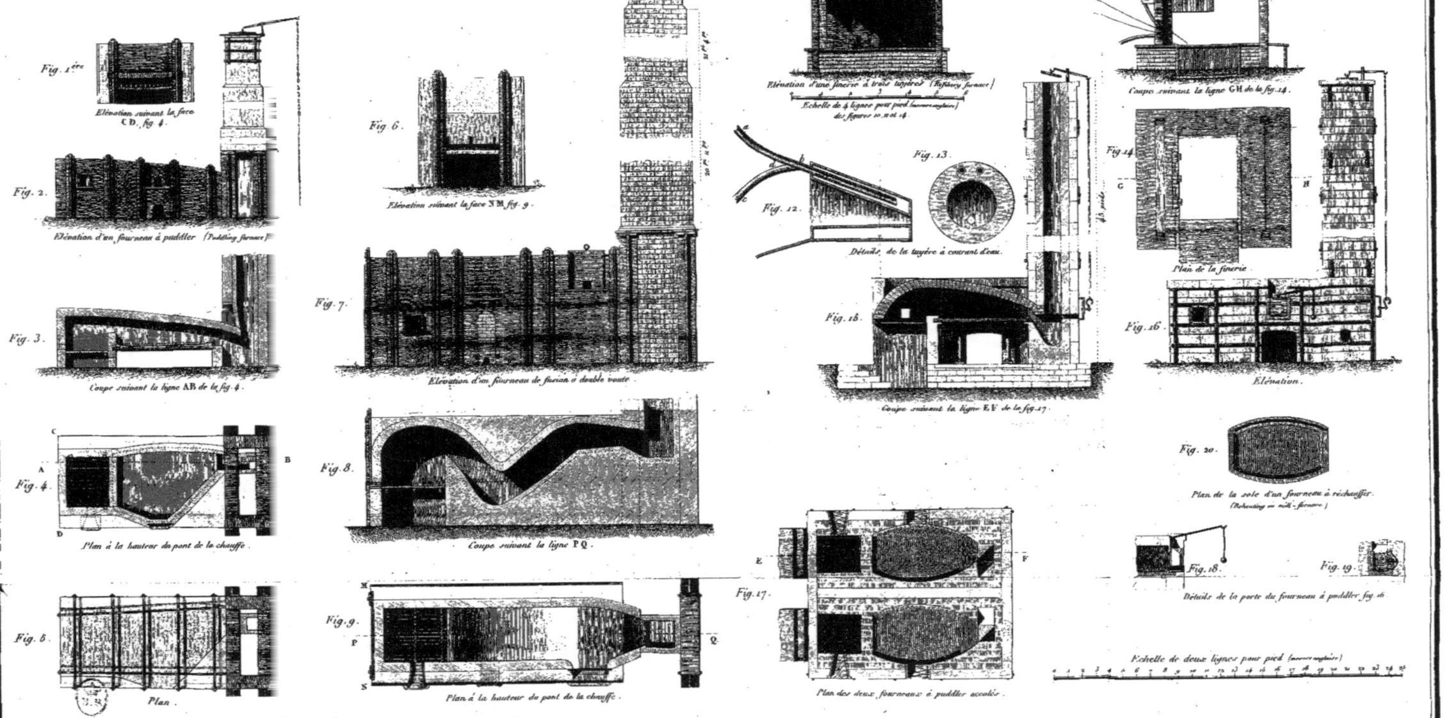

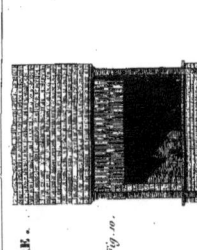

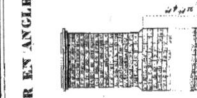

Fig. 1ère
Élévation suivant la face CD. fig. 4.
Fig. 2.
Élévation d'un fourneau à puddler (Puddling furnace)
Fig. 3.
Coupe suivant la ligne AB de la fig. 4.
Fig. 4.
Plan à la hauteur du pont de la chauffe.
Fig. 5.
Plan.
Fig. 6.
Élévation suivant la face NM fig. 9.
Fig. 7.
Élévation d'un fourneau de fusion à double voute.
Fig. 8.
Coupe suivant la ligne PQ.
Fig. 9.
Plan à la hauteur du pont de la chauffe.
Fig. 10.
Élévation d'une finerie à trois tuyères (Refinery furnace)
Échelle de 4 lignes pour pied (mesure anglaise) des figures 10, 11 et 14.
Fig. 11.
Coupe suivant la ligne GH de la fig. 14.
Fig. 12.
Fig. 13.
Détails de la tuyère à courant d'eau.
Fig. 14.
Plan de la finerie.
Fig. 15.
Coupe suivant la ligne EF de la fig. 17.
Fig. 16.
Élévation.
Fig. 17.
Plan des deux fourneaux à puddler accolés.
Fig. 18.
Fig. 19.
Détails de la porte du fourneau à puddler fig. 16.
Fig. 20.
Plan de la sole d'un fourneau à réchauffer. (Reheating or mill-furnace)
Échelle de deux lignes pour pied (mesure anglaise)

Leblanc delineavit

[illegible]ge métallurgique en Angleterre.

Gravé par Berthe

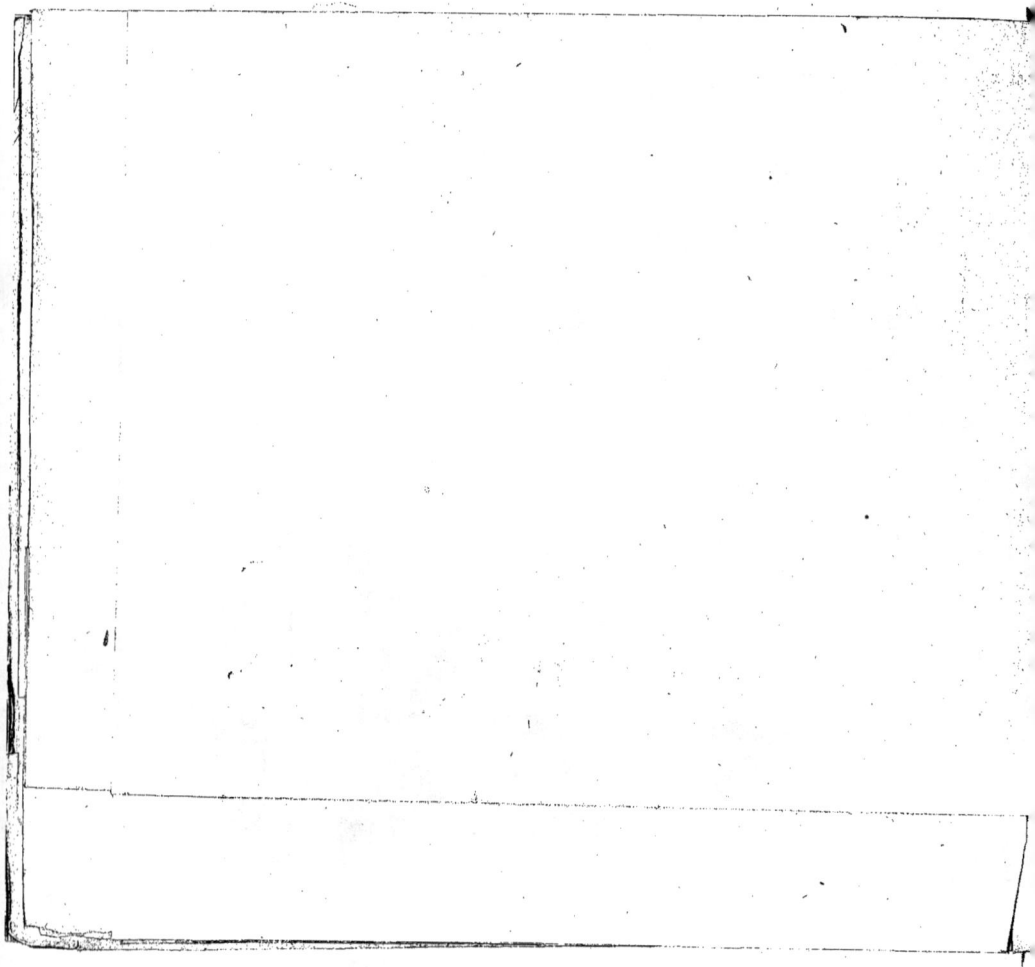

Traitement du fer en Angleterre.

Machine pour cingler et étirer le fer.

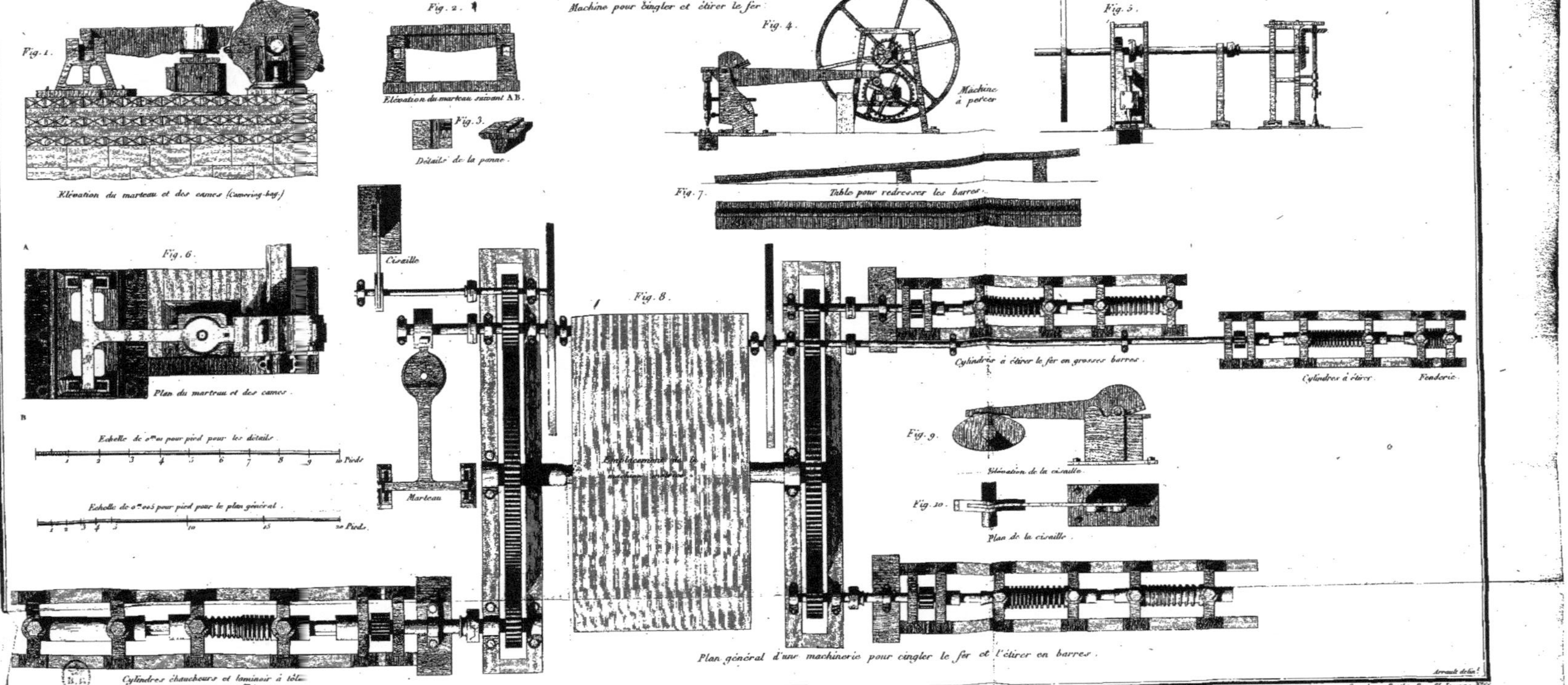
Fig. 1.
Élévation du marteau et des cames (Cameing-bag)
Fig. 2.
Élévation du marteau suivant AB.
Fig. 3.
Détails de la panne.
Fig. 4.
Machine à percer
Fig. 5.
Fig. 7.
Table pour redresser les barres.
Fig. 6.
A
B
Plan du marteau et des cames.
Cisaille
Marteau
Fig. 8.
Echelle de 0m.01 pour pied pour les détails
1 2 3 4 5 6 7 8 9 10 Pieds
Echelle de 0m.005 pour pied pour le plan général.
1 2 3 4 5 10 15 20 Pieds
Cylindres à étirer le fer en grosses barres.
Cylindres à étirer
Fenderie.
Fig. 9.
Élévation de la cisaille.
Fig. 10.
Plan de la cisaille.
Plan général d'une machinerie pour cingler le fer et l'étirer en barres.
Cylindres chaucheurs et laminoir à tôle.

Arnault delin.t

Gravé par Berthe, Rue St. Jacques, N.° 66.

Traitement du fer en Angleterre.

Machine pour cingler et étirer le fer.

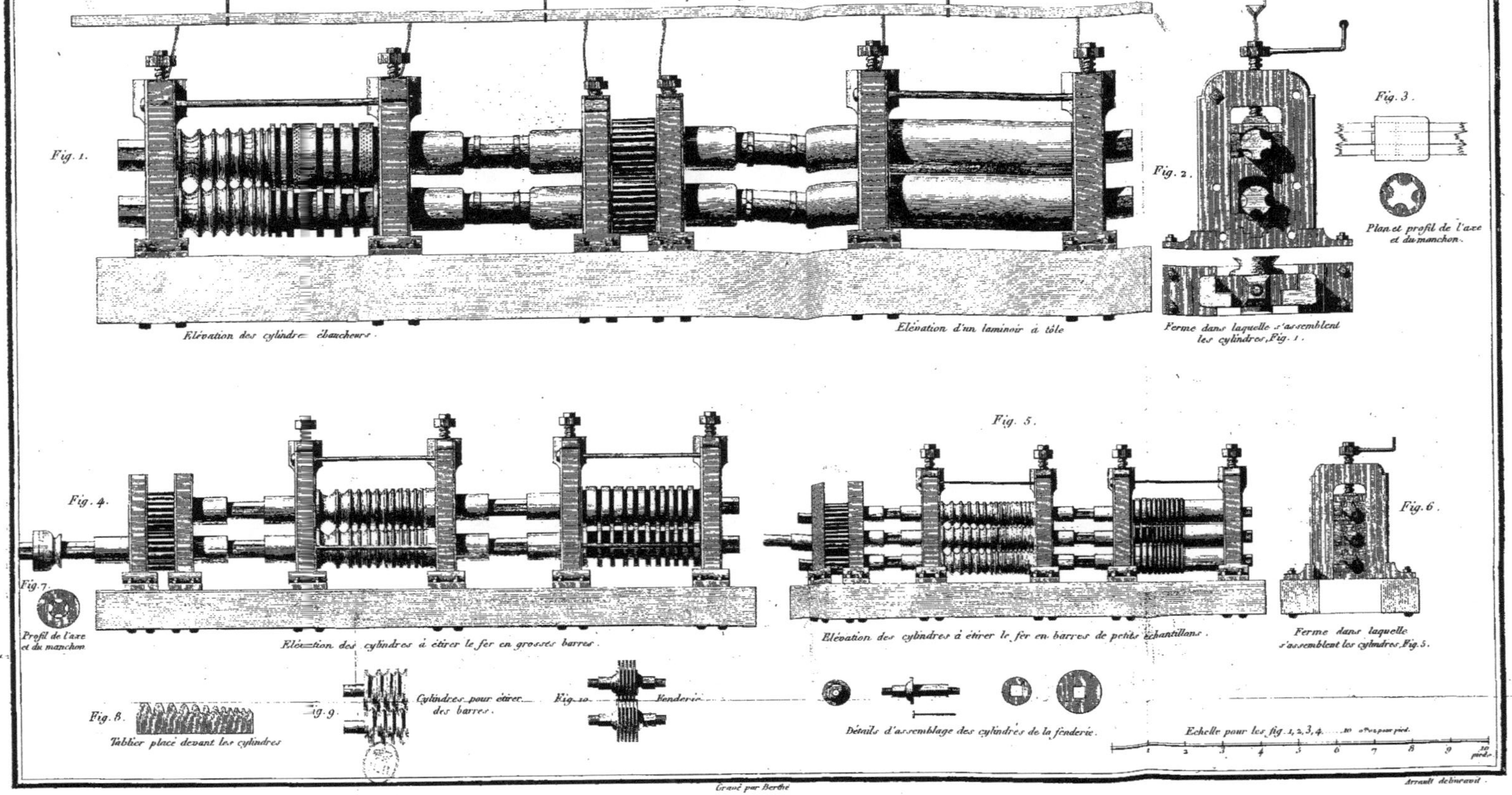
Fig. 1.
Elévation des cylindres ébaucheurs.
Elévation d'un laminoir à tôle
Fig. 2.
Ferme dans laquelle s'assemblent les cylindres, Fig. 1.
Fig. 3.
Plan et profil de l'axe et du manchon.
Fig. 4.
Fig. 7.
Profil de l'axe et du manchon
Elévation des cylindres à étirer le fer en grosses barres.
Fig. 5.
Elévation des cylindres à étirer le fer en barres de petits échantillons.
Fig. 6.
Ferme dans laquelle s'assemblent les cylindres, Fig. 5.
Fig. 8.
Tablier placé devant les cylindres
Fig. 9.
Cylindres pour étirer des barres.
Fig. 10.
Fenderie
Détails d'assemblage des cylindres de la fenderie.
Echelle pour les fig. 1, 2, 3, 4.
1
2
3
4
5
6
7
8
9
10
pieds.

Gravé par Berthé

Arrault delineavit.

Carbonisation de la houille menue à St. Etienne.

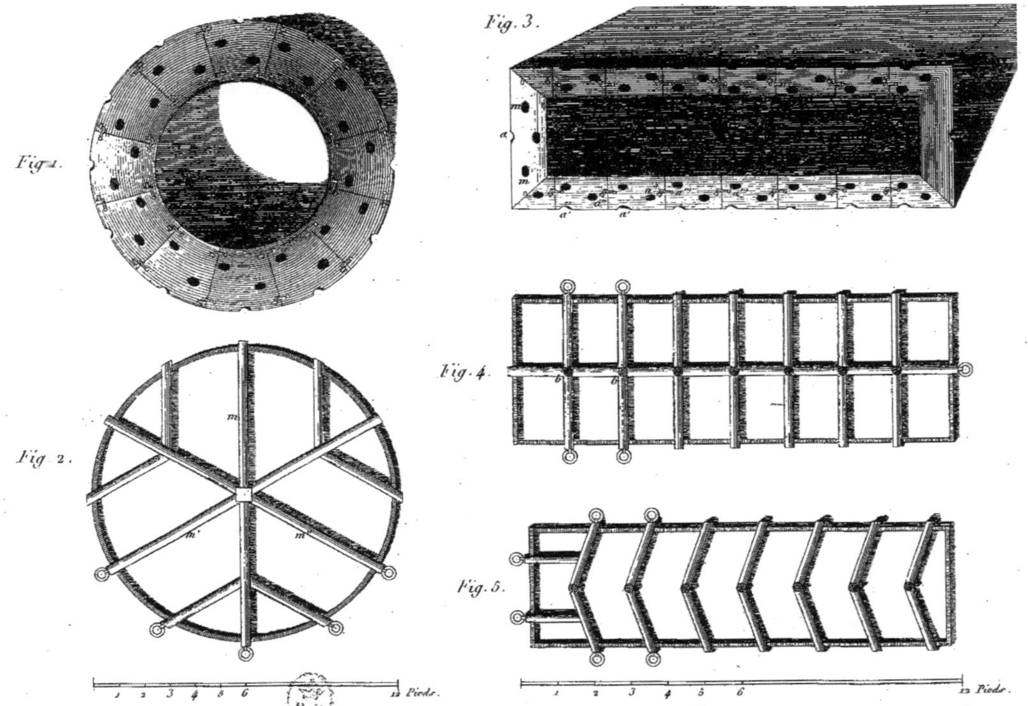
Fig. 1.
Fig. 2.
m
m'
m'
Fig. 3.
m
a
m
a'
a'
Fig. 4.
b
b
Fig. 5.
1 2 3 4 5 6 12 Pieds.
1 2 3 4 5 6 12 Pieds.

Dessiné par De Laplanche.

Gravé par Berthe, Rue St. Jacques, No. 66.

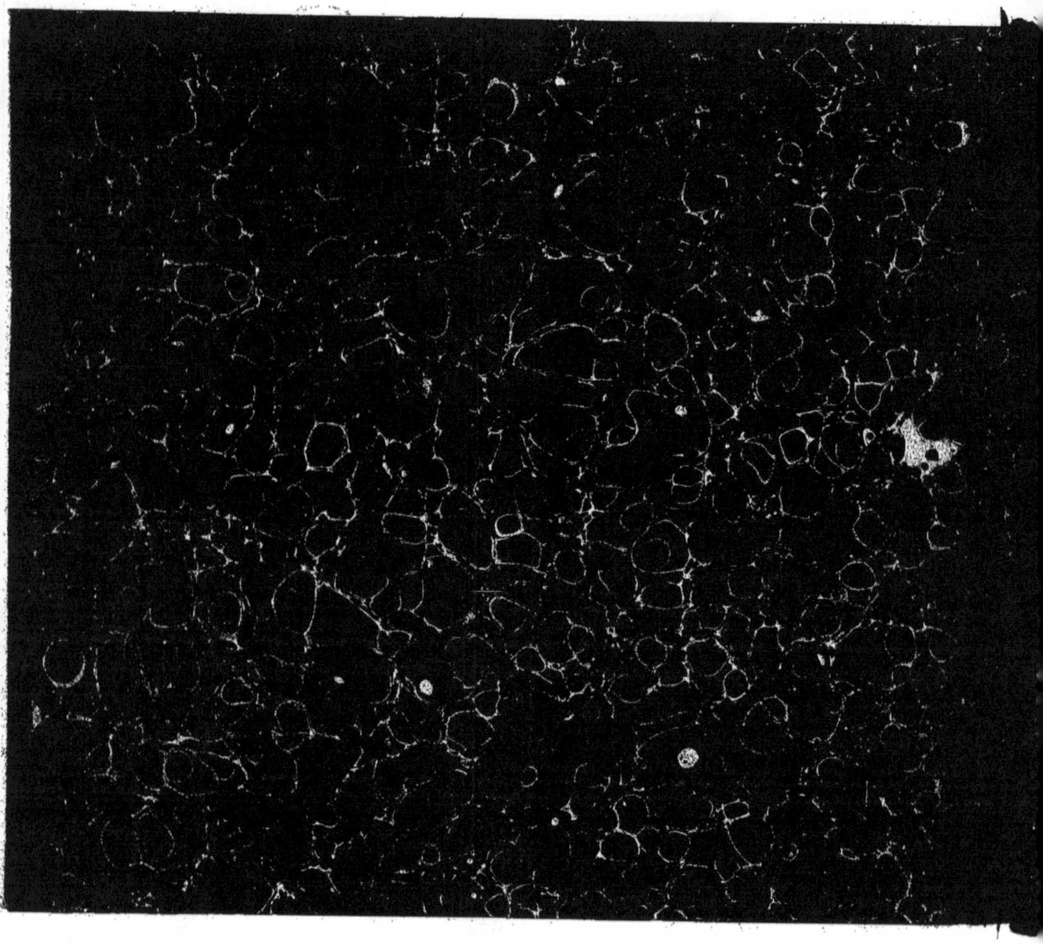

www.ingramcontent.com/pod-product-compliance
Lightning Source LLC
Chambersburg PA
CBHW071756200326
41520CB00013BA/3277
9782019568856